# 2

Primaria / Primer ciclo

# Matemáticas

UNA A UNA

Cuaderno 2

**ANAYA**

**UNA A UNA** es un proyecto pedagógico creado por Anaya Educación para el primer ciclo de Educación Primaria.

En la realización de este cuaderno han intervenido:

**Autoras:** Lourdes González, M.ª Teresa Muiño y Emma Pérez

**Coordinación editorial:** Ángela Valdés

**Edición:** Nora Basanta, Ana Moreno y Pilar Roig

**Ilustraciones:** David Maynar

**Diseño de cubierta e interiores:** Miguel Ángel Pacheco y Javier Serrano

**Tratamiento infográfico del diseño:** Javier Cuéllar y Patricia Gómez

**Maquetación:** Raquel Horcajo e Isabel Pérez

**Corrección:** Encarnación Martín

**Gráficos:** Miguel Ángel Castillejos

**Fotografías:** Archivo Anaya (Agromayor, L.; Boé, O.; Candel, C.; Cosano, P.; Martin, J.; Martín, J.A.; Menéndez, D.; Moreno, C.; Ruiz Pastor, L.; Vázquez, A.; Velasco, P. - Fototeca de España)

**Edición gráfica:** Beatriz Gutiérrez

Las normas ortográficas seguidas son las establecidas por la Real Academia Española en la nueva **Ortografía de la lengua española,** publicada en el año 2010.

# Índice

⭐ Completa y escribe.

595 quimientos noventa y cinco

457 cuatrocientos cincuenta y siete

519 quinientos diecinueve

543 quinientos cuarenta y tres

524 quinientos veinticuatro

⭐ Rodea de rojo los números que tengan 5 centenas y de verde los que tengan 3 decenas.

585   557   435   374   295

135   336   455   575

★ Aproxima a las centenas el dinero que tiene cada hucha.

 135 €  →  100

 289 €  →  300

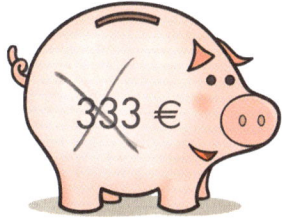 333 €  →  300

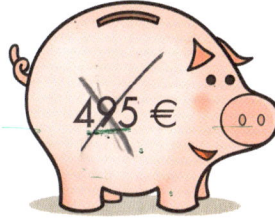 495 €  →  500

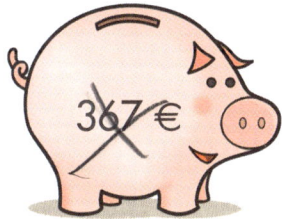 367 €  →  400

 129 €  →  100

★ Ordena el dinero de cada hucha de mayor a menor.

445 > 367 > 333 > 289 > 135 > 129

★ Une cada número con su centena más próxima.

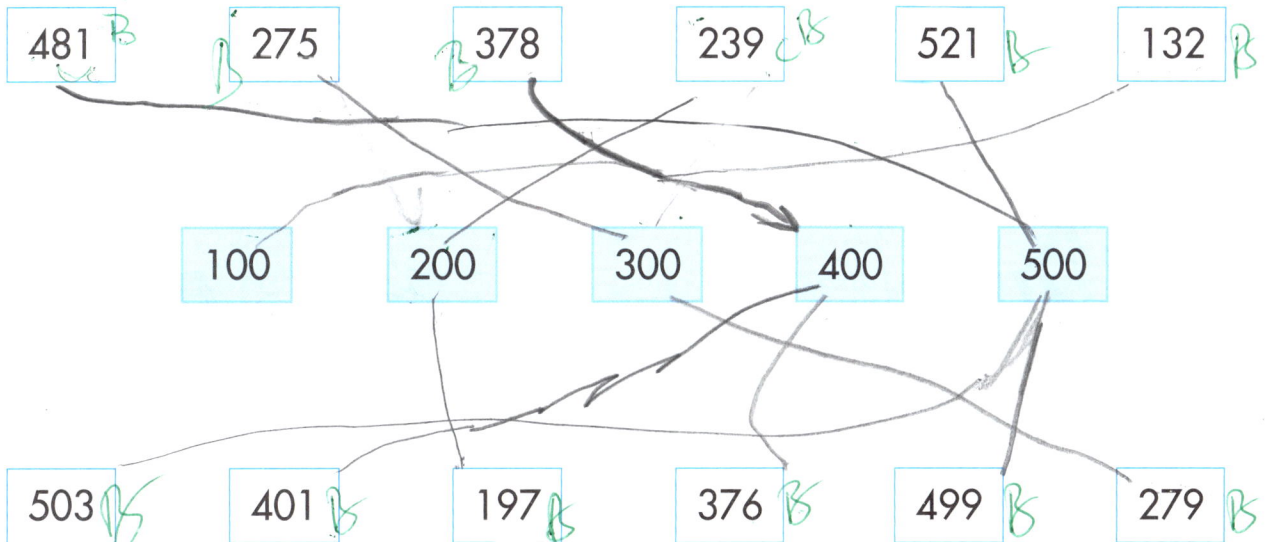

481   275   378   239   521   132

100   200   300   400   500

503   401   197   376   499   279

✦ **Dibuja las pesas necesarias para equilibrar la balanza.**

✦ **Une cada balanza con su peso.**

| 10 medios kilos | 2 kg y 4 medios kilos | 6 medios kilos |

✦ **Calcula los kilos de comida que toma cada animal.**

3 kg y medio          6 Kg y medio

✦ Realiza las operaciones y une el animal con el resultado que corresponde.

$$
\begin{array}{r} 2\ 5\ 5 \\ -\ 1\ 7\ 7 \\ \hline 122 \end{array}
\qquad
\begin{array}{r} 5\ 4\ 2 \\ -\ 3\ 1\ 7 \\ \hline 235 \end{array}
\qquad
\begin{array}{r} 3\ 4\ 5 \\ -\ 1\ 6\ 2 \\ \hline 223 \end{array}
\qquad
\begin{array}{r} 5\ 2\ 5 \\ -\ 1\ 3\ 9 \\ \hline 415 \end{array}
\qquad
\begin{array}{r} 4\ 3\ 7 \\ -\ 2\ 6\ 8 \\ \hline 230 \end{array}
$$

225        78        386        169        183

✦ Calcula los visitantes del safari.

| Lunes 356 | Martes 239 | Miércoles 178 | Jueves 234 |

Miércoles ⟶ 178
Lunes ⟶ + 356
534

Martes ⟶ 239
Jueves ⟶ + 234
473

Martes ⟶ 239
Lunes ⟶ + 356
545

Miércoles ⟶ 239
Jueves ⟶ + 234
473

Lunes ⟶ 356
Jueves ⟶ + 234
590

✦ Sigue la serie.

520   522   □   □   □   □   □   □   □   538

| 2 + 2 + 2 + 2 |

| 5 + 5 + 5 + 5 + 5 + 5 |

| 3 + 3 + 3 + 3 + 3 |

| 8 + 8 |

| 5 × 6 |

| 2 × 4 |

| 8 × 2 |

| 3 × 5 |

★ Suma y multiplica.

$3 + 3 = 6$

$3 \times 3 = 4$

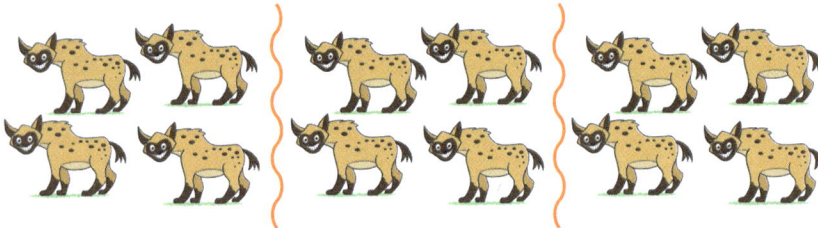

$4 + 4 + 4 = 12$

$4 \times 4 = 16$

$5 + 5 + 5 = 15$

$5 \times 5 = 25$

$2 + 2 + 2 + 2 + 2 = 10$       $2 \times 2 = 4$

• En la sala del cine hay 175 butacas y he contado 24 personas sentadas. ¿Cuántas butacas están vacías?

Datos:

Calcula.

Solución:

• En este mes han tenido 3 crías los leones, 3 crías los elefantes y 3 crías las jirafas. ¿Cuántos animales han nacido en total?

Datos:

☐ + ☐ + ☐ = ☐

☐ × ☐ = ☐

Solución:

✦ Lee y descubre.

• Marina llegó la segunda al colegio y Martín llegó después de Marina y de Antonio. Antonio llegó antes que Marina al colegio. ¿Quién llegó el primero al colegio?

# Unidad 6

✦ Completa.

| C | D | U |
|---|---|---|
| 6 | 5 | 2 |

652

Seiscientos cincuenta y dos

*Seiscientos cincuenta y dos*

| C | D | U |
|---|---|---|
| 6 | 4 | 3 |

643

seiscientos cuarenta y tres

| C | D | U |
|---|---|---|
| 6 | 7 | 8 |

678

seiscientos setenta y ocho

*seis cientos setenta y ocho*

| C | D | U |
|---|---|---|
| 6 | 2 | 1 |

621

seiscientos ventiuno.

*seiscientos ventiuno*

✦ Une cada flor según las cifras que tienen en el lugar de las centenas, decenas y unidades.

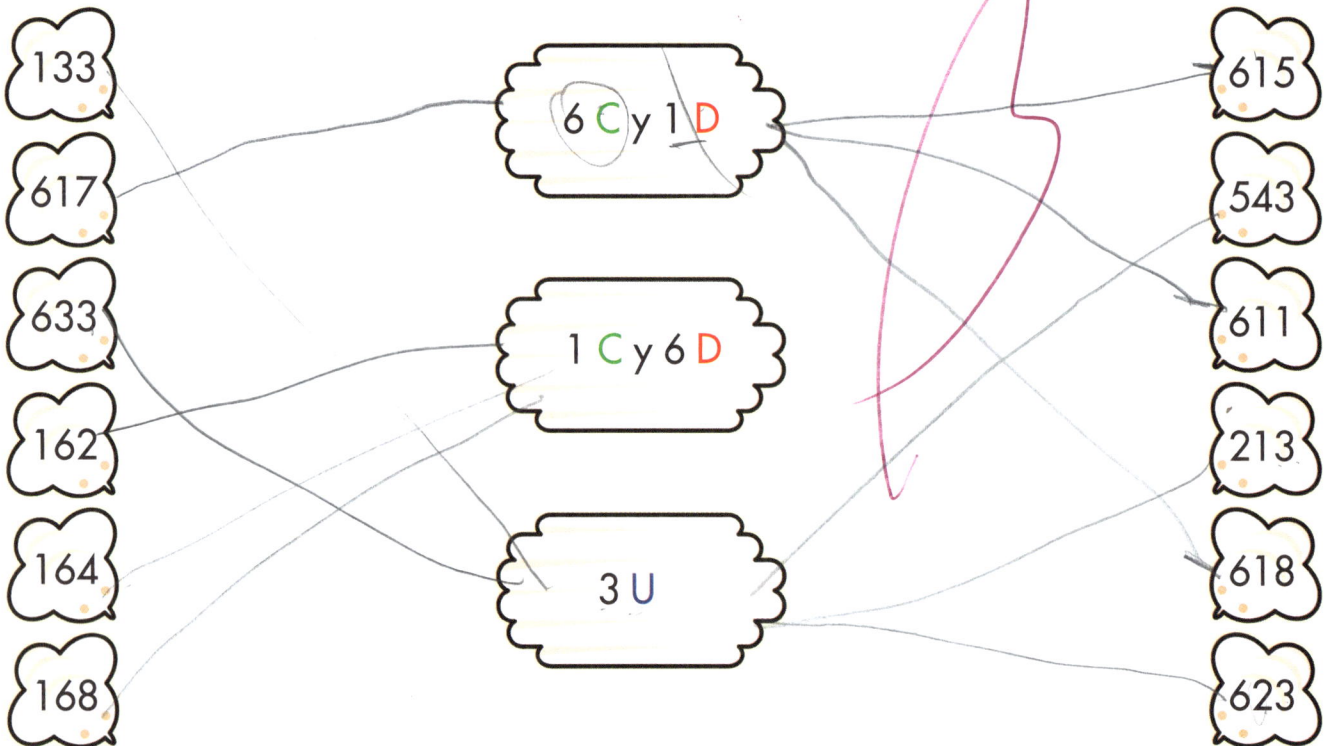

133
617
633
162
164
168

6 C y 1 D

1 C y 6 D

3 U

615
543
611
213
618
623

✦ Colorea los ingredientes que necesitamos para la receta.

- ② kilos de harina
- ① kilo de almendras
- medio kilo de mantequilla

Harina:

1 kilo

1 kilo

un cuarto    un cuarto    un cuarto    un cuarto    medio    medio

Almendras:

un cuarto    un cuarto    un cuarto    un cuarto    un cuarto    un cuarto

Mantequilla:

un cuarto    un cuarto    un cuarto    un cuarto

✦ Agrupa para formar kilos y completa.

Medio kilo    Medio kilo    Medio kilo    Medio kilo

Hay ☐ _____

1 kg    Cuarto de kilo    Cuarto de kilo    Cuarto de kilo    Cuarto de kilo    Cuarto de kilo    Cuarto de kilo

Cuarto de kilo    Cuarto de kilo    Cuarto de kilo    Cuarto de kilo    Cuarto de kilo    Cuarto de kilo

Hay ☐ _____

★ Calcula y colorea de azul si el resultado es mayor que 660 y de rojo si es menor.

```
   2 6 2
   2 2 0
 + 1 6 9
  -------
   6 4 1
```

```
   1 3 2
   3 5 6
 + 2 0 4
  -------
   6 9 2
```

```
   1 6 1
   4 6 8
 +   6 9
  -------
   6 9 8
```

```
   3 5 0
   1 2 2
 + 1 7 8
  -------
   6 5 0
```

```
   2 5 5
   1 8 2
 +   2 3
  -------
   4 6 0
```

```
   4 3 3
   1 5 7
 +   9 2
  -------
   6 8 2
```

```
   3 4 4
   2 3 0
 + 1 2 4
  -------
   6 9 8
```

★ Completa.

```
     4 3 □
 + □ 6 4
  -------
   5 9 4
```

```
   5 □ 7
 + 1 2 2
  -------
   □ 4 9
```

```
   □ 6 0
 + 1 3 9
  -------
   2 9 □
```

```
   □ 3 0
 + 1 5 7
  -------
   4 □ 7
```

```
   2 □ 7
 + 2 6 □
  -------
   5 2 9
```

```
   □ 3 9
 +   2 1
  -------
   5 □ 0
```

★ Escribe los resultados del ejercicio anterior.

• Sus cifras suman 20. ⟶ □

• En las centenas tiene un 6. ⟶ □

• Sus cifras suman 11. ⟶ □

★ Observa y realiza las operaciones.

641     463     370     256

$$641 - 463 = 222$$

$$463 - 370 = 113$$

$$370 - 256 = 126$$

$$641 - 370 = 331$$

$$463 - 256 = 213$$

$$641 - 256 = 415$$

★ Realiza las operaciones y une con sus resultados.

```
  5 3 5       6 3 6       4 6 2       1 3 0
- 1 2 7     - 4 6 7     - 3 2 0     - 1 2 7
```

( 3 )     ( 142 )     ( 169 )     ( 408 )

★ Sigue la serie sumando 2 a la cifra de las decenas.

102

⭐ Realiza las restas y comprueba el resultado.

```
  3 7 5          →      +
- 1 3 8
─────────
```

```
  3 5 1          →      +
- 2 3 2
─────────
```

⭐ Calcula.

215 + 133 + 252

175 + 138 + 305

142 + 221 + 327

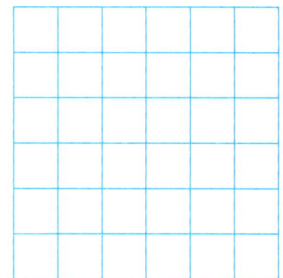

⭐ Cuenta y completa.

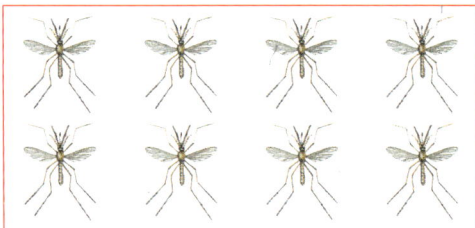

2 + 2 + 2 + 2 = 8

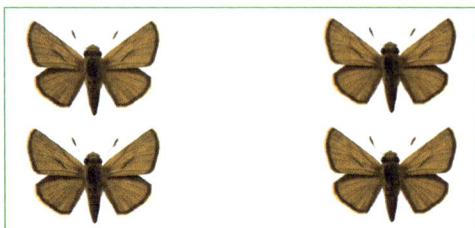

4 + 4 = 8

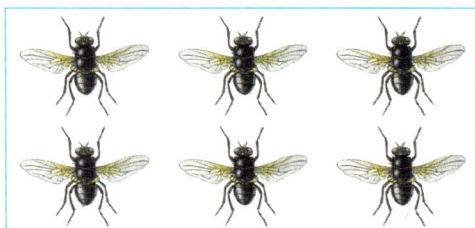

6 + 6 + 6 = 18

✦ Completa.

$2 \times 5 =$ 10     $2 \times 4 =$ 8     $2 \times 6 =$ 12

$2 \times 7 =$ 14     $2 \times 2 =$ 4     $2 \times 8 =$ 16

$2 \times 3 =$ 6     $2 \times 9 =$ 18     $2 \times 1 =$ 2

✦ Lee y resuelve.

Laura ha comprado 6 lápices para sus amigos. Cada lápiz cuesta 2 euros. ¿Cuánto se ha gastado?

$\square + \square + \square + \square + \square + \square = \square$ euros.

$\square \times \square = \square$

Laura se ha gastado $\square$ euros.

✦ Calcula el doble.

| 5 | 3 | 7 | 8 | 9 | 2 |

$\square$   $\square$   $\square$   $\square$   $\square$   $\square$

✦ Calcula el doble.

• Tengo el doble de años que mi hermano, que tiene 6. ⟶ $\square$

• Hay el doble de coches en esta calle que en la de mi casa, donde hay 8. ⟶ $\square$

• Somos el doble de niños en mi equipo que en el otro equipo, que son 5. ⟶ $\square$

✦ Colorea las mariposas que tengan líneas poligonales abiertas en sus alas.

✦ Completa los dibujos de estos insectos y escribe el tipo de líneas que has utilizado en cada caso.

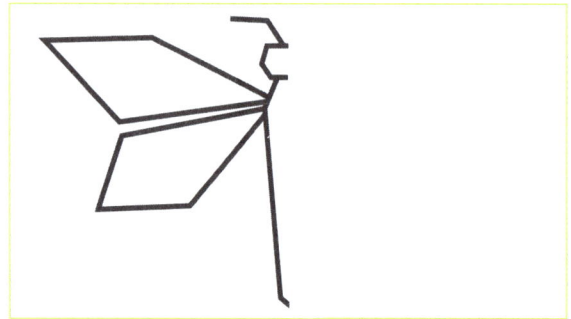

✦ Une.

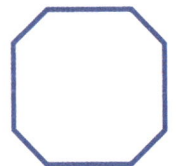

líneas poligonales
abiertas

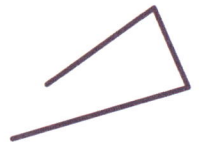

líneas poligonales
cerradas

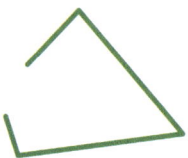

• María tiene 4 rotuladores y su amiga Maite tiene el doble que ella. ¿Cuántos rotuladores tiene Maite?

Datos:

□ ◯ □ = □

Solución: _____ □ _____

• En el panal había 435 abejas. Salieron 104 abejas a buscar polen. ¿Cuántas abejas hay ahora en el panal?

Datos:

Calcula.

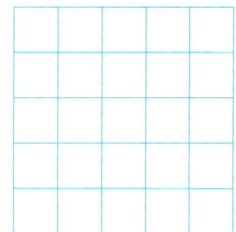

Solución: _____ □ _____

• En el hormiguero del colegio hay más hormigas que en mi hormiguero y en el hormiguero del parque hay menos que en mi casa. ¿En el parque encontraremos más o menos hormigas que en el colegio?

Solución: _____

# Unidad 7

✦ Completa la tabla.

| N.° | Descomposición | Se lee |
|-----|----------------|--------|
| 773 | 700 + 70 + 3 | |
| 751 | | |
| 769 | | |
| 782 | | |
| 721 | | |

✦ Escribe el número anterior o el número posterior.

356 ⟶ ☐          729 ⟶ ☐          735 ⟶ ☐

☐ ⟵ 431          ☐ ⟵ 650          ☐ ⟵ 525

198 ⟶ ☐          275 ⟵ ☐          699 ⟶ ☐

✦ Tacha las patatas que tienen un número par.

543          722          752          745

754          679          460          721

✦ Ordena los números del ejercicio anterior de mayor a menor.

☐ > ☐ ◯ ☐ ◯ ☐ ◯ ☐ ◯ ☐ ◯ ☐ ◯ ☐

✦ **Cuenta los tomates de cada planta y escribe el orden que ocupan según la cantidad de tomates.**

---

✦ **Escribe el orden que ocupan en la fila y completa.**

El camión que está en quinto lugar es de color

El 🚚 está en _____ lugar.

El camión que está descargando ocupa el

_____ lugar.

El tractor está en el _____ lugar.

✦ Repasa de rojo los lados de los polígonos y de azul los ángulos.

  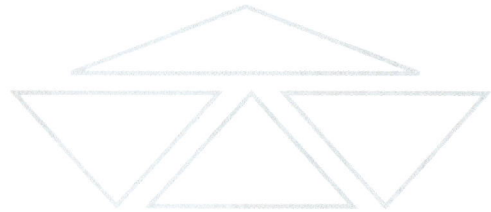

✦ Cuenta y completa.

 Tengo ☐ lados, ☐ vértices y ☐ ángulos.

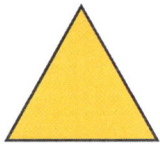 Tengo ☐ lados, ☐ vértices y ☐ ángulos.

✦ Descubre los nombres, escríbelos y une según corresponde.

oretálirdauc

onogáxeh

  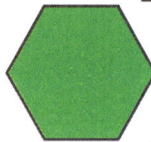 

onogátnep

olugnáirt

✦ Escribe el nombre del polígono.

Tiene tres lados.

Tiene tres ángulos.

Sus tres lados son desiguales.

✦ Colorea según el código.

equilátero - escaleno - isósceles

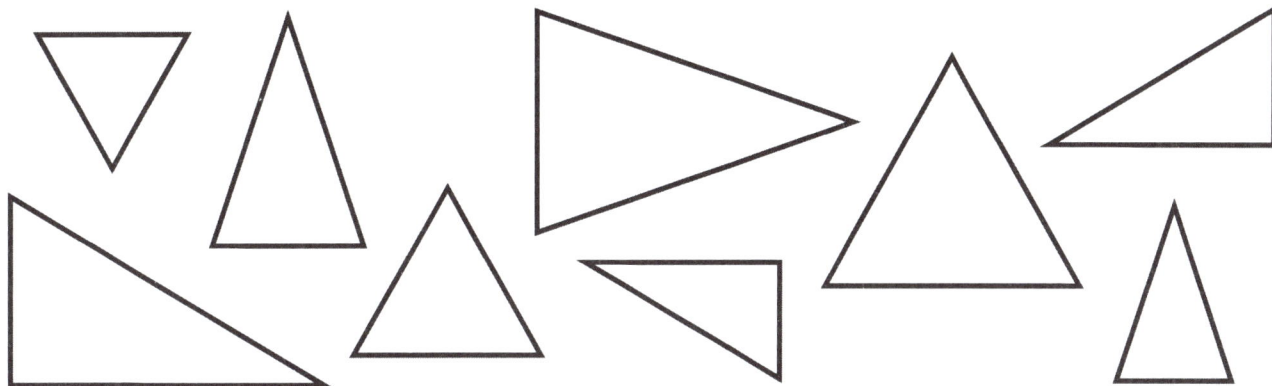

✦ Completa cada polígono, colorea y escribe.

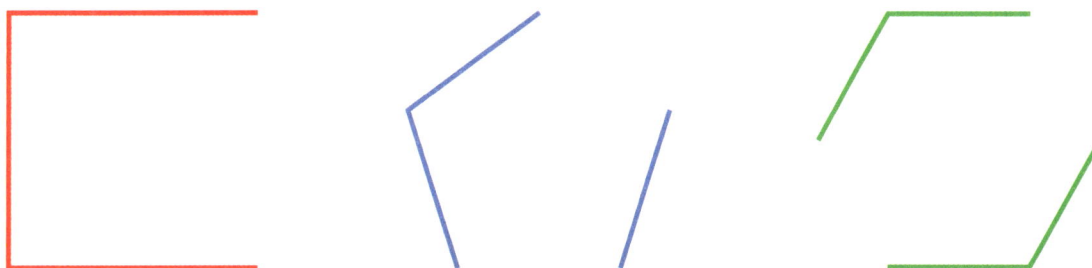

| Cuadrilátero | Pentágono | Hexágono |
|---|---|---|
| Lados | Lados | Lados |
| Vértices | Vértices | Vértices |

✦ Tacha las figuras que no son polígonos.

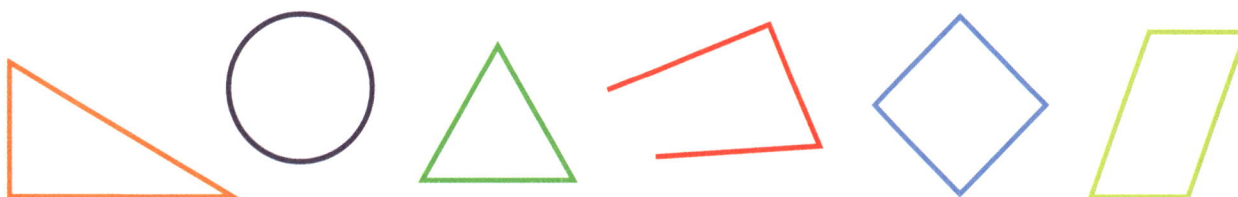

✦ Une cada operación con su resultado.

| 2 × 3 | 3 × 3 | 3 × 4 | 3 × 8 |

| 9 | 6 | 12 | 24 |

✦ Completa.

2 × 5 = ☐

3 × 7 = ☐

2 × 3 = ☐

2 × 4 = ☐          3 × 2 = ☐

3 × 6 = ☐          3 × 4 = ☐

2 × 2 = ☐          3 × 5 = ☐

✦ Observa la caja de zanahorias y calcula cuántas habrá en cada caso.

7 cajas → ☐ ◯ ☐ = ☐          3 cajas → ☐ ◯ ☐ = ☐

4 cajas → ☐ ◯ ☐ = ☐          5 cajas → ☐ ◯ ☐ = ☐

✦ Calcula el triple de los siguientes números:

6 $\xrightarrow{\times 3}$ ☐          5 $\xrightarrow{\times 3}$ ☐          8 $\xrightarrow{\times 3}$ ☐

✦ Completa.

0 × 9 = ☐          3 × 1 = ☐          0 × 6 = ☐          5 × 1 = ☐          1 × 7 = ☐

★ Lee y resuelve.

● En la clase de Diego han plantado lentejas. En la primera maceta han salido 4 plantas y en la segunda maceta el triple de plantas. ¿Cuántas plantas hay en la segunda maceta?

Datos:

▢ ◯ ▢ = ▢

Solución: ⬚⬚⬚ ▢ ⬚⬚⬚

● Todos los días cogemos dos tomates de la planta. ¿Cuántos tomates cogemos a la semana?

Datos:

▢ ◯ ▢ = ▢

Solución: ⬚⬚⬚ ▢ ⬚⬚⬚

● Un kilo de mangos cuesta el doble que un kilo de aguacates. Si el kilo de aguacates cuesta 2 €, ¿cuánto cuesta el kilo de mangos?

Datos:

▢ ◯ ▢ = ▢

Solución: ⬚⬚⬚ ▢ ⬚⬚⬚

# Unidad 8

✦ Completa.

8 C, 6 D y 7 U → ................................................................

☐ C, ☐ D y ☐ U → ochocientos cuarenta y cinco

☐ C, ☐ D y ☐ U → ochocientos cincuenta y tres

8 C, 0 D y 3 U → ................................................................

8 C, 9 D y 8 U → ................................................................

☐ C, ☐ D y ☐ U → ochocientos sesenta y siete

✦ Escribe los números donde corresponde.

753 - 392 - 880 - 153 - 892 - 258 - 478
873 - 676 - 463 - 821 - 837 - 721 - 351 - 681

La cifra de las decenas es 5. → ☐ ☐ ☐ ☐

La cifra de las centenas es 8. → ☐ ☐ ☐ ☐ ☐

Son menores que 735 y mayores que 536. → ☐ ☐ ☐

Son mayores que 375 y menores que 536. → ☐ ☐ ☐

✦ Sigue la serie.

810 ▸ 820 ▸ ☐ ▸ ☐ ▸ ☐ ▸ ☐ ▸ ☐ ▸ ☐

✦ Colorea de rojo las maletas que tienen números pares y de azul las que tienen números impares.

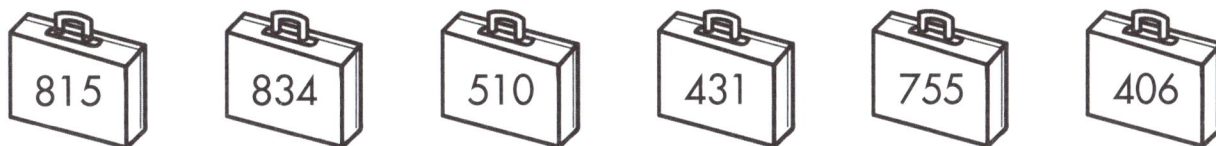

| 815 | 834 | 510 | 431 | 755 | 406 |

✦ Escribe el número anterior y el número posterior.

| | ← 859 → | | | | ← 385 → | |
| | ← 824 → | | | | ← 299 → | |
| | ← 765 → | | | | ← 856 → | |

✦ Aproxima cada número a la centena más próxima.

764 → ☐     479 → ☐     329 → ☐

512 → ☐     223 → ☐     129 → ☐

830 → ☐     398 → ☐     284 → ☐

✦ Lee detenidamente y une cada niño con su edad.

Tengo 2 años más que mi hermano pequeño.

Soy el pequeño de los tres.

Tengo el doble de años que mi hermana.

3 años          5 años          10 años

✦ Rodea formando grupos de 4 y calcula el total de maletas.

$\square$ + $\square$ + $\square$ + $\square$ + $\square$ = $\square$     $\square$ × $\square$ = $\square$

$\square$ + $\square$ + $\square$ = $\square$     $\square$ × $\square$ = $\square$

$\square$ + $\square$ + $\square$ + $\square$ = $\square$     $\square$ × $\square$ = $\square$

✦ Completa.

$4 \times 5 =$ $\square$     $4 \times 6 =$ $\square$     $4 \times$ $\square$ $= 20$     $4 \times 4 =$ $\square$

$4 \times 7 =$ $\square$     $4 \times 2 =$ $\square$     $4 \times$ $\square$ $= 36$     $4 \times$ $\square$ $= 24$

$4 \times 3 =$ $\square$     $4 \times$ $\square$ $= 28$     $4 \times$ $\square$ $= 32$     $\square$ $\times 2 = 8$

✦ Calcula cuántos turistas hay.

En 4 coches: $\square$ × $\square$ = $\square$ ........................

En 7 coches: $\square$ × $\square$ = $\square$ ........................

En 6 coches: $\square$ × $\square$ = $\square$ ........................

En 5 coches: $\square$ × $\square$ = $\square$ ........................

✦ Completa.

$5 \times 5 = \boxed{\phantom{00}}$   $5 \times 6 = \boxed{\phantom{00}}$   $5 \times \boxed{\phantom{0}} = 30$   $5 \times 4 = \boxed{\phantom{00}}$

$5 \times 7 = \boxed{\phantom{00}}$   $5 \times 2 = \boxed{\phantom{00}}$   $\boxed{\phantom{0}} \times 4 = 20$   $5 \times \boxed{\phantom{0}} = 15$

$5 \times 3 = \boxed{\phantom{00}}$   $5 \times \boxed{\phantom{0}} = 20$   $5 \times \boxed{\phantom{0}} = 45$   $5 \times 8 = \boxed{\phantom{00}}$

$5 \times 9 = \boxed{\phantom{00}}$   $5 \times \boxed{\phantom{0}} = 35$   $\boxed{\phantom{0}} \times 2 = 10$   $5 \times \boxed{\phantom{0}} = 35$

✦ Rodea según el código.

Los números que están en la tabla del 5.

Los números que están en la tabla del 4.

8   40   16   12   10   25   30   24   36

✦ Calcula.

● Tengo 2 cajas de rotuladores. ¿Cuántos rotuladores tengo?

$\boxed{\phantom{0}} \times \boxed{\phantom{0}} = \boxed{\phantom{0}}$

$\dotfill \boxed{\phantom{0}} \dotfill$

● Tengo 5 botes de peonzas. ¿Cuántas peonzas tengo?

$\boxed{\phantom{0}} \times \boxed{\phantom{0}} = \boxed{\phantom{0}}$

$\dotfill \boxed{\phantom{0}} \dotfill$

● Tengo 6 bolsas de pulseras de goma. ¿Cuántas pulseras tengo?

$\boxed{\phantom{0}} \times \boxed{\phantom{0}} = \boxed{\phantom{0}}$

$\dotfill \boxed{\phantom{0}} \dotfill$

 Coloca en vertical y calcula el producto.

Factores: 5, 4

Factores: 2, 3

Factores: 3, 4

Factores: 2, 7

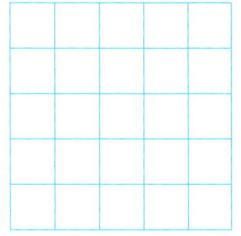

Factores: 3, 5

Factores: 3, 6

Factores: 2, 4

Factores: 4, 6

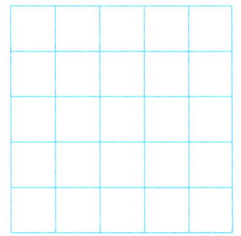

Resuelve.

- Jaime quiere regalar a sus 5 amigos 3 piruletas a cada uno. ¿Cuántas piruletas necesita?

Solución:

- Carla come 4 fresones al día. ¿Cuántos fresones comerá en una semana?

Solución:

✦ Rodea la cantidad de batidos que necesitan.

Un litro y medio

Medio litro · Medio litro · Medio litro · Medio litro · Medio litro · Medio litro

Un litro

Medio litro · Medio litro · Medio litro · Medio litro · Medio litro · Medio litro

Tres litros

Medio litro · Medio litro · Medio litro · Medio litro · Medio litro · Medio litro

Cinco medios litros

Medio litro · Medio litro · Medio litro · Medio litro · Medio litro · Medio litro

✦ Contesta.

- Para llenar una [ ] de 1 litro, necesitamos [   ] medios litros.

- Para llenar una [ ] de 5 litros, necesitamos [   ] medios litros.

✦ ¿Cuántos litros de leche dio cada vaca?

⟶ | 5 botellas de 1 litro y 8 de medio litro | [   ] litros

⟶ | 3 botellas de 1 litro y 4 de medio litro | [   ] litros

✸ Rodea los prismas de color rojo y las pirámides de color verde.

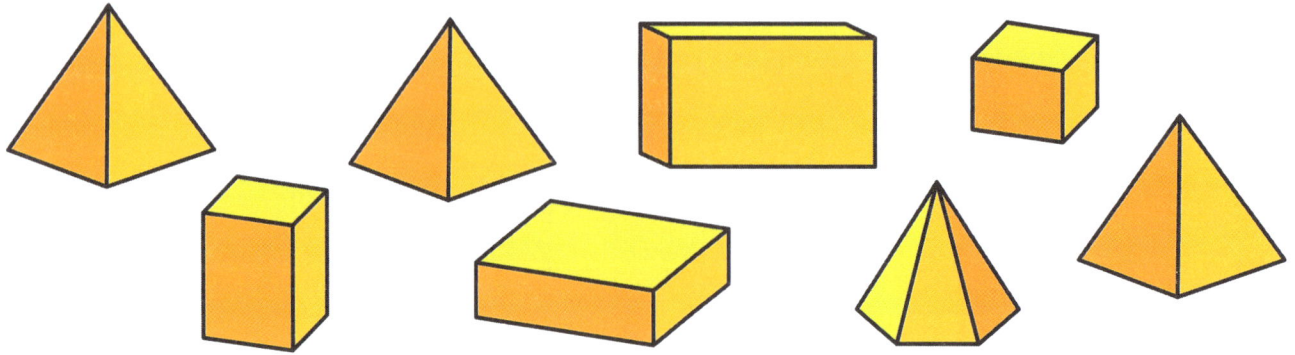

✸ Rodea los monumentos que no tienen forma de pirámide.

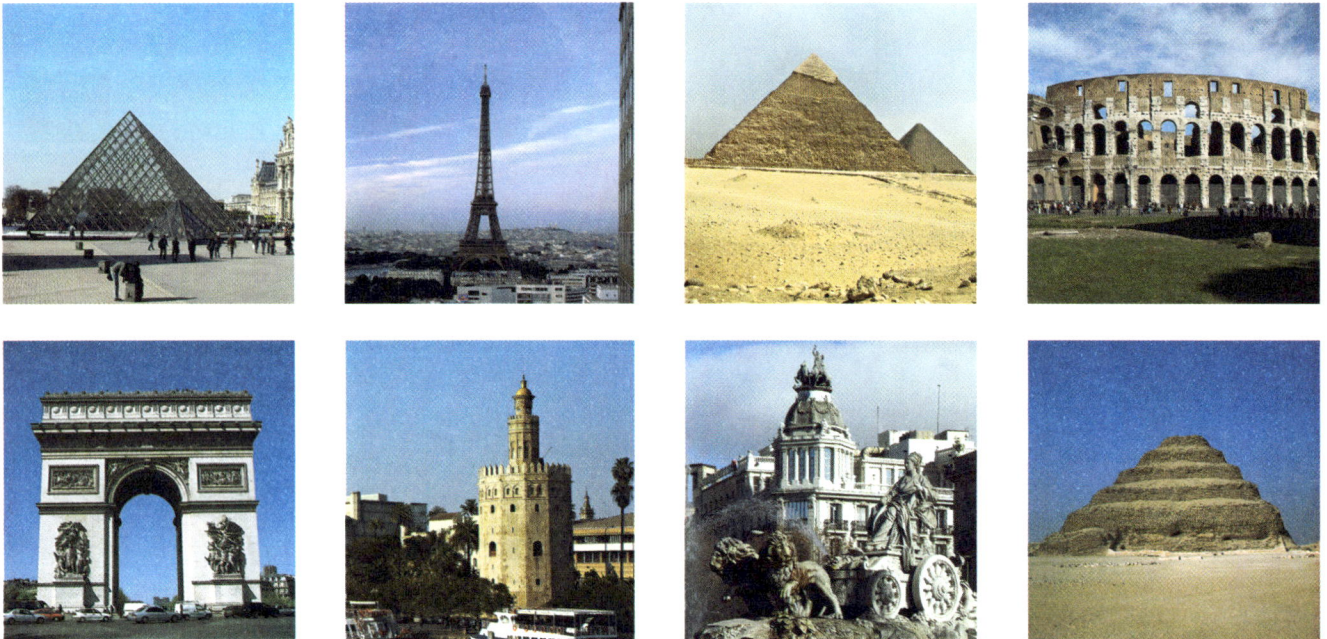

✸ Une a cada turista con su cuerpo geométrico.

En mi foto salió una pirámide roja.

En mi foto salió un prisma rojo.